疯狂的十万个为什么系列

小笨熊 这就是数理化 5

崔钟雷　主编

物理：声与光

黑龙江美术出版社

杨牧之 国务院批准立项 国家重大出版工程《中国大百科全书》总主编

1966年毕业于北京大学中文系，中华书局编审。曾经参与创办并主持《文史知识》（月刊）。1987年后任国家新闻出版总署图书司司长、副署长。第十届全国人大代表、教科文卫委员会委员。现任《中国大百科全书》总主编、《大中华文库》总编辑、《中国出版史研究》主编。

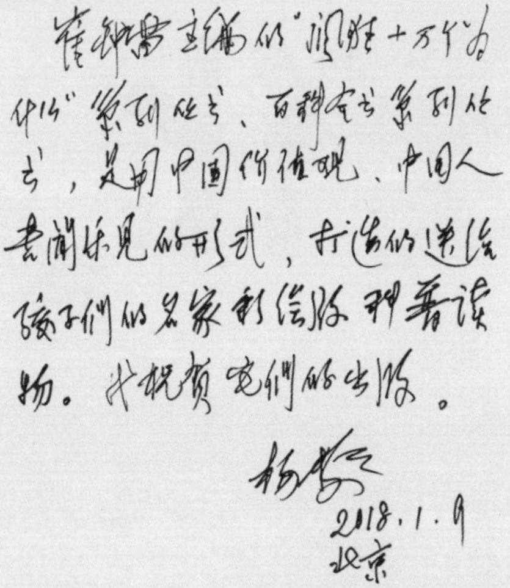

崔钟雷主编的“疯狂十万个为什么”系列丛书、百科全书系列丛书，是用中国价值观、中国人喜闻乐见的形式，打造的送给孩子们的名家彩绘版科普读物。我祝贺它们的出版。

杨牧之
2018.1.9
北京

编委会

总 顾 问：杨牧之

主　　编：崔钟雷

编委会主任：李　彤　刁小菊

编委会成员：姜丽婷　贺　蕾
张文光　翟羽朦
王　丹　贾海娇

图 书 设 计：稻草人工作室

崔钟雷

2017年获得第四届中国出版政府奖“优秀出版人物”奖。

李　彤

曾任黑龙江出版集团副董事长。
曾任《格言》杂志社社长、总主编。
2014年获得第三届中国出版政府奖“优秀出版人物”奖。

刁小菊

曾任黑龙江少年儿童出版社编辑室主任、黑龙江出版集团出版业务部副主任。2003年被评为第五届全国优秀中青年（图书）编辑。

目录

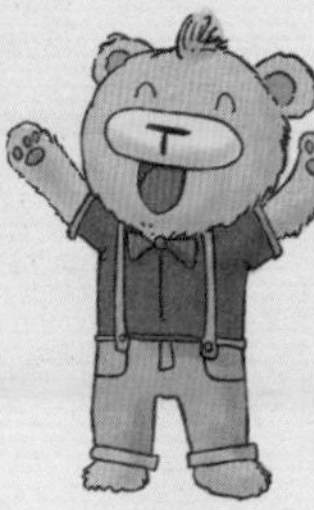

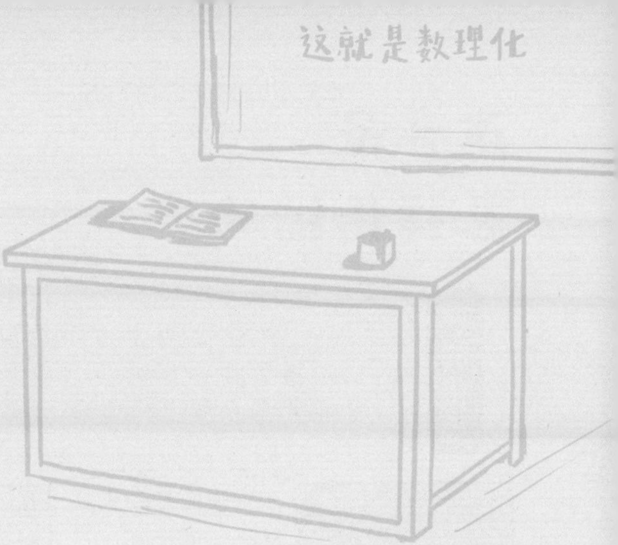

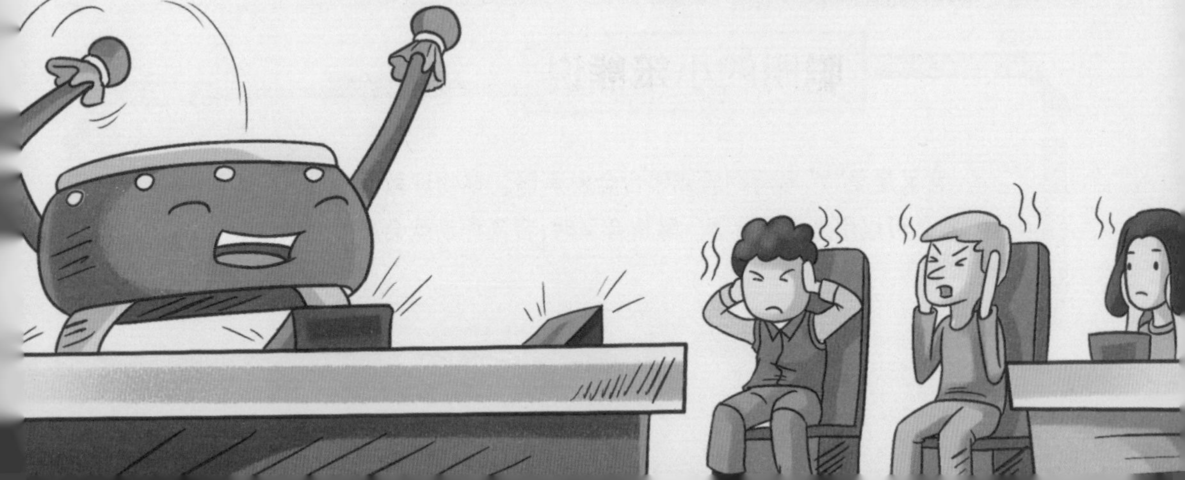

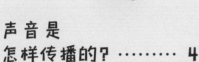

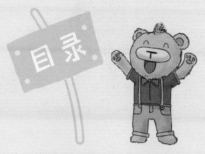

声音是怎样传播的？

声的传播

声音借助各种介质向四面八方传播，声的传播实质上是能量在介质中的传递。

我们是今天比赛的选手音叉。
今天要跑三段赛道，为我们加油吧！
我是声音1号选手。
比赛开始！
我是声音2号选手。

聪明的小笨熊说

音叉是呈“Y”形的钢质或铝合金发声器。在物理教学中，音叉可以用来演示共振。敲击音叉时，音叉振动就会产生声音。

第一段赛道

等等我！
铁
你跑不过我的，哈哈！

太累了，我要休息一会儿！
小助手，你停止敲击音叉，我会消失的！

第二段赛道

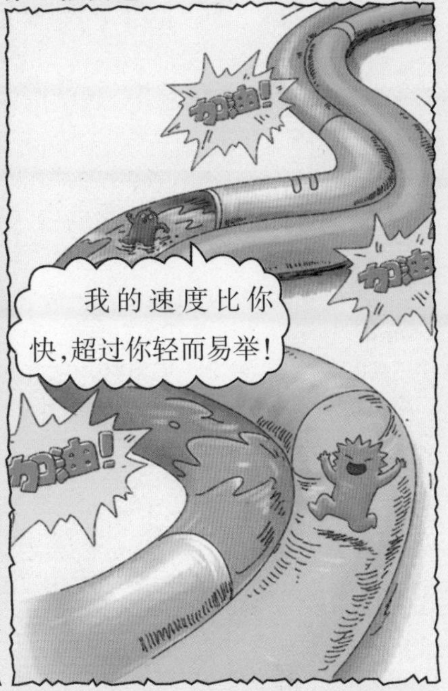
加油！
加油
我的速度比你快，超过你轻而易举！
加油！

空气
煤油
不好，1 号要追上来了！

咦？真空跑道没有介质，我跑不了啊！
真空

裁判将第三段赛道由原来的真空跑道换成空气跑道。

-15摄氏度
340米/秒
明明是同样介质的跑道，我怎么比他跑得慢了？
-10摄氏度

为什么大剧院的音响效果特别好？

声的吸收

坚硬、光滑的物体表面对声音有明显的反射作用。柔软、粗糙、多孔的物体表面则能吸收声音。

帷幕可以散射并吸收后台的杂音。
快快快，该你们上了！

七个小矮人准备出场。
多么漂亮的女孩儿！让她复活吧！

疯狂的小笨熊说

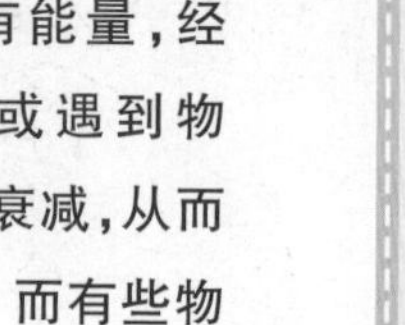

声音具有能量，经过一定距离或遇到物体，能量都会衰减，从而使声音变弱；而有些物体的表面也可以散射和吸收声音。

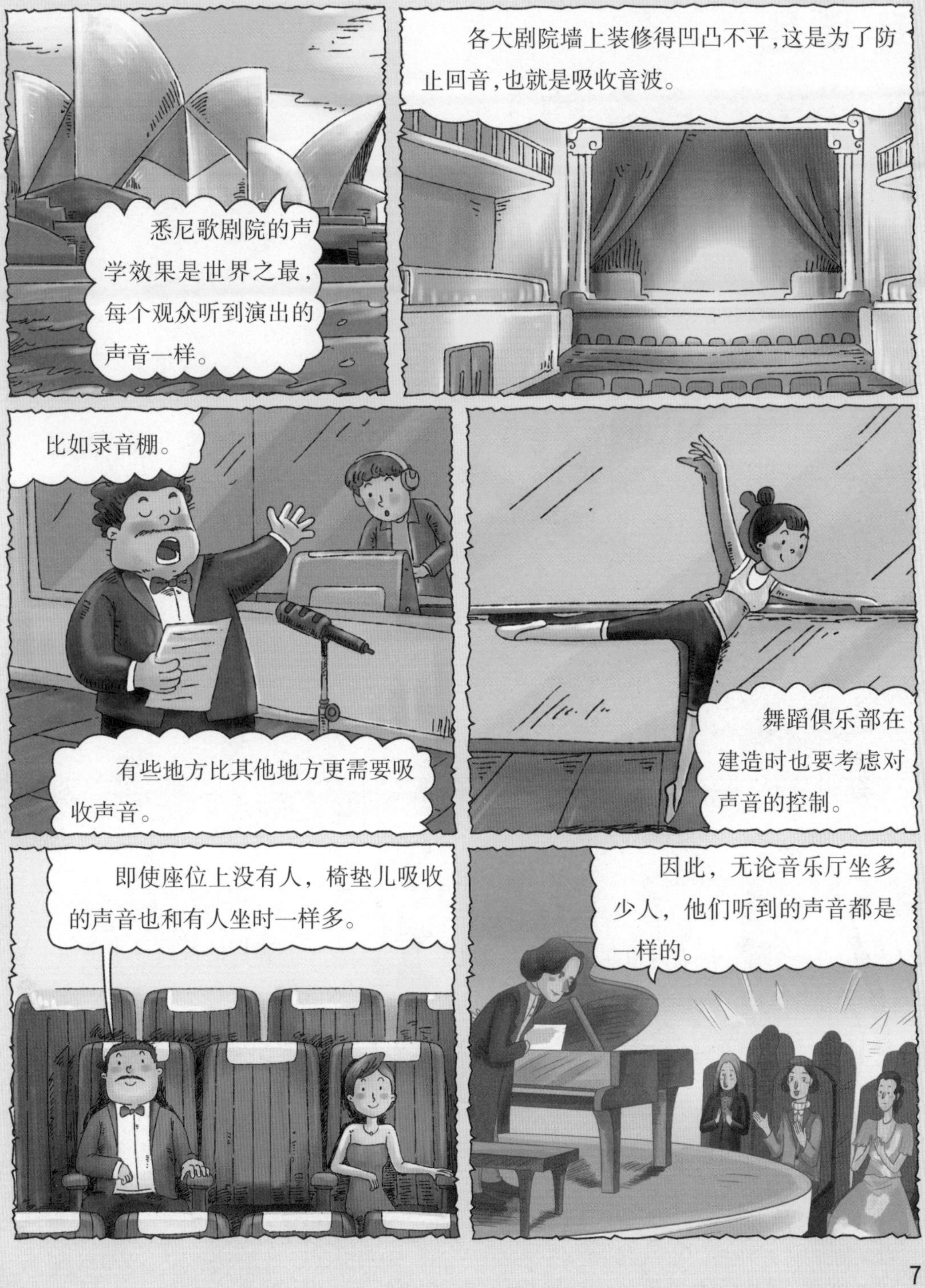
悉尼歌剧院的声学效果是世界之最，每个观众听到演出的声音一样。
各大剧院墙上装修得凹凸不平，这是为了防止回音，也就是吸收音波。
有些地方比其他地方更需要吸收声音。
比如录音棚。
舞蹈俱乐部在建造时也要考虑对声音的控制。
即使座位上没有人，椅垫儿吸收的声音也和有人坐时一样多。
因此，无论音乐厅坐多少人，他们听到的声音都是一样的。

耳朵是
怎样听到声音的？

耳朵

耳朵里的听觉神经能将接收到的声波转换成神经信号，然后传给大脑，从而辨别出声音。

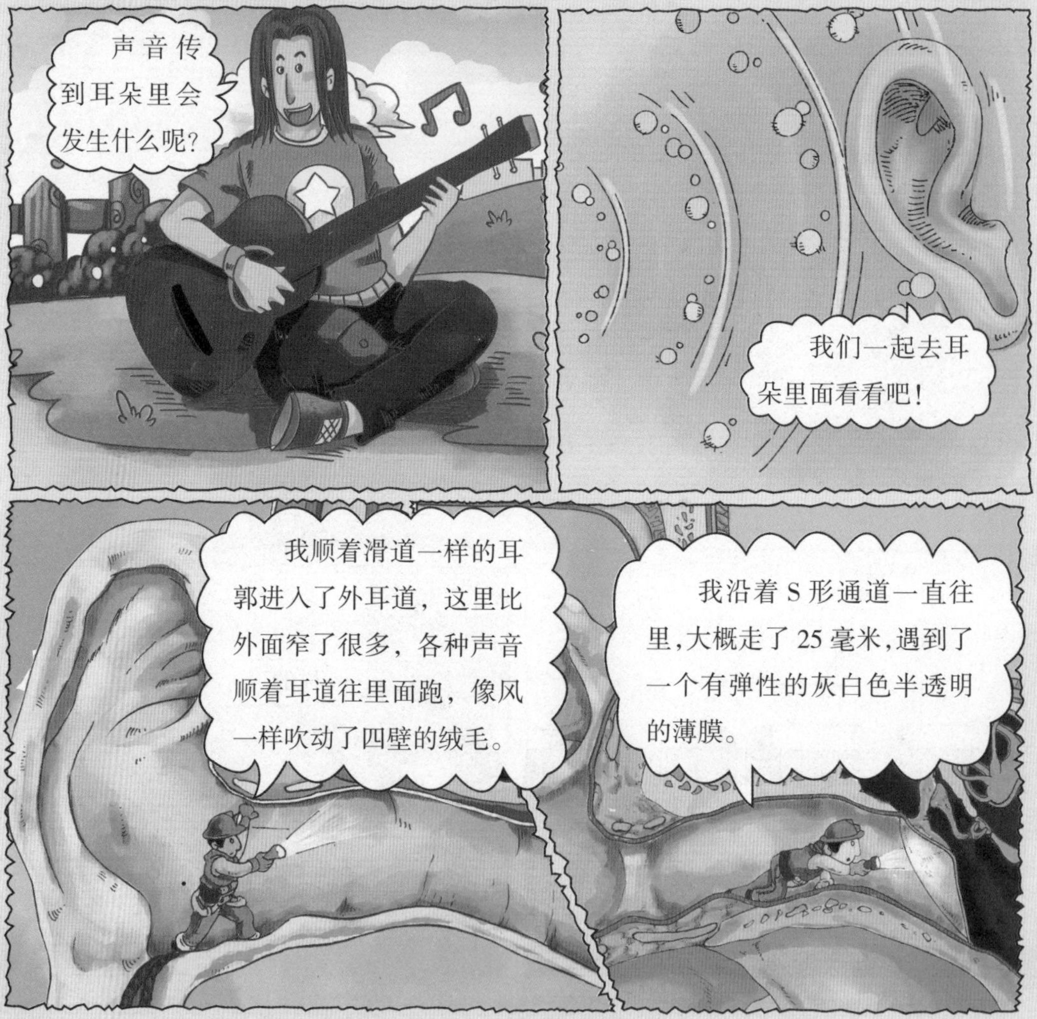

声音传到耳朵里会发生什么呢？
我们一起去耳朵里面看看吧！
我顺着滑道一样的耳郭进入了外耳道，这里比外面窄了很多，各种声音顺着耳道往里面跑，像风一样吹动了四壁的绒毛。
我沿着S形通道一直往里，大概走了25毫米，遇到了一个有弹性的灰白色半透明的薄膜。

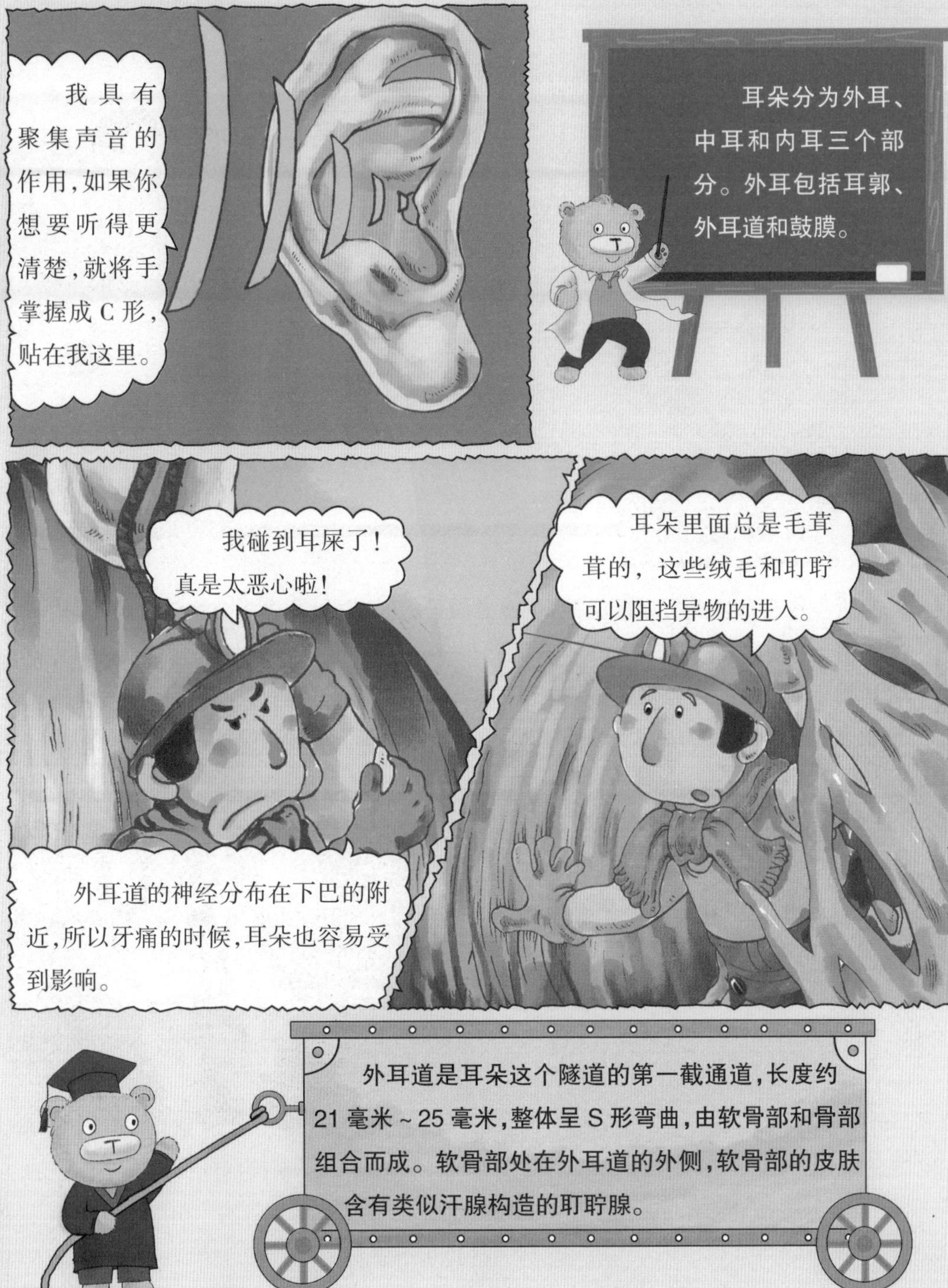
我具有聚集声音的作用,如果你想要听得更清楚,就将手掌握成C形,贴在我这里。
耳朵分为外耳、中耳和内耳三个部分。外耳包括耳郭、外耳道和鼓膜。
我碰到耳屎了!真是太恶心啦!
耳朵里面总是毛茸茸的，这些绒毛和耵聍可以阻挡异物的进入。
外耳道的神经分布在下巴的附近,所以牙痛的时候,耳朵也容易受到影响。
外耳道是耳朵这个隧道的第一截通道,长度约21毫米~25毫米,整体呈S形弯曲,由软骨部和骨部组合而成。软骨部处在外耳道的外侧,软骨部的皮肤含有类似汗腺构造的耵聍腺。

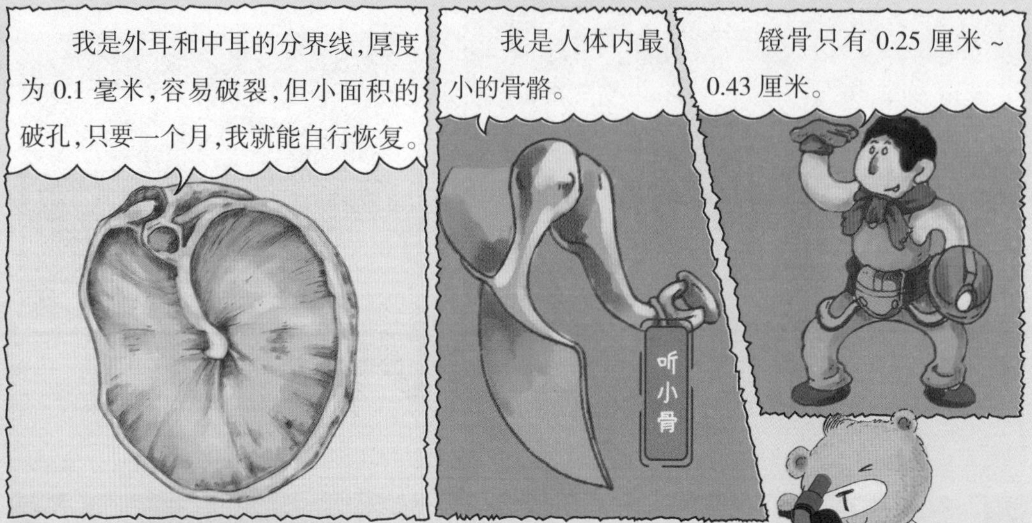
我是外耳和中耳的分界线，厚度为 0.1 毫米，容易破裂，但小面积的破孔，只要一个月，我就能自行恢复。
我是人体内最小的骨骼。
听小骨
镫骨只有 0.25 厘米 ~ 0.43 厘米。

你知道吗!

听小骨由三块小骨连接成链，长得像锤子的叫“锤骨”，像一个大铲子的叫“砧骨”，另一块像马镫的叫“镫骨”。当声音传进来，鼓膜会因为声波的压力而前后振动，而附着于鼓膜上的锤骨也会随着振动，振动经过砧骨传至镫骨，镫骨另一端与前庭窗相连，振动时内耳的液体会发生运动，进而刺激内耳的听觉感受器。

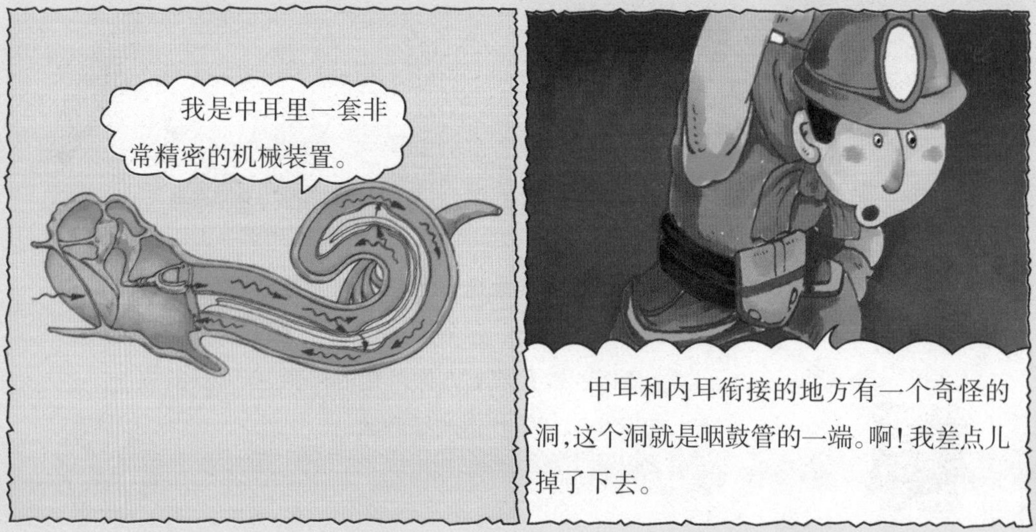
我是中耳里一套非常精密的机械装置。
中耳和内耳衔接的地方有一个奇怪的洞，这个洞就是咽鼓管的一端。啊！我差点儿掉了下去。

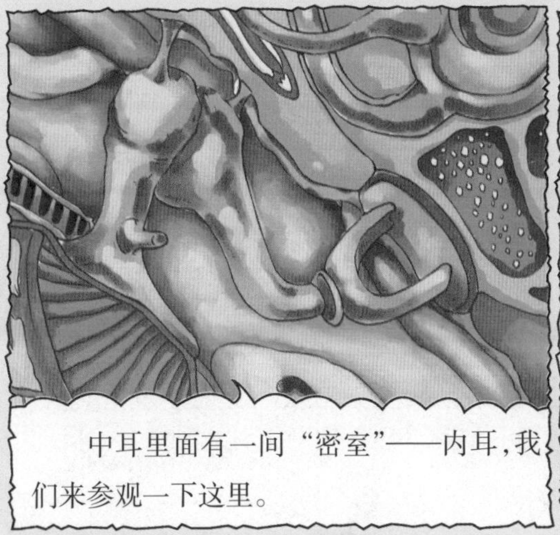
中耳里面有一间“密室”——内耳,我们来参观一下这里。

耳蜗是声波翻译系统,它的核心技术叫“螺旋器”,用来把传进耳朵的声音翻译成电信号,传递给听毛,将声音传到脑神经。

前庭系统会发出信号刺激神经中枢,让身体恢复平衡。

危险!快保持平衡!
啊——

疯狂的小笨熊说

声波从外耳沿着外耳道进入中耳,引起鼓膜振动,随即带动听小骨的锤骨运动,将声波传递给砧骨和镫骨,镫骨振动后敲打前庭窗,将声波传入内耳,最终送入耳蜗,耳蜗经过分析,将声音信号传入大脑,从而分辨出声音。

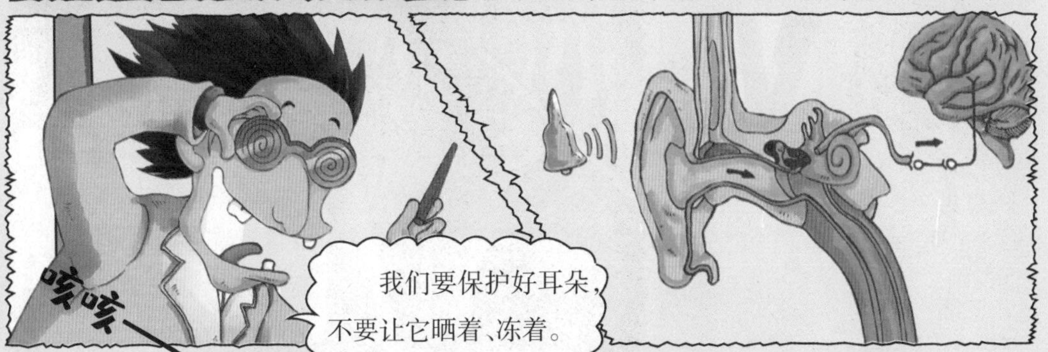
咳咳——
我们要保护好耳朵,不要让它晒着、冻着。

声音的产生受哪些因素的影响？

声的特性

音调、响度、音色是乐音的三个主要特征，人们就是根据它们来区分声音的。

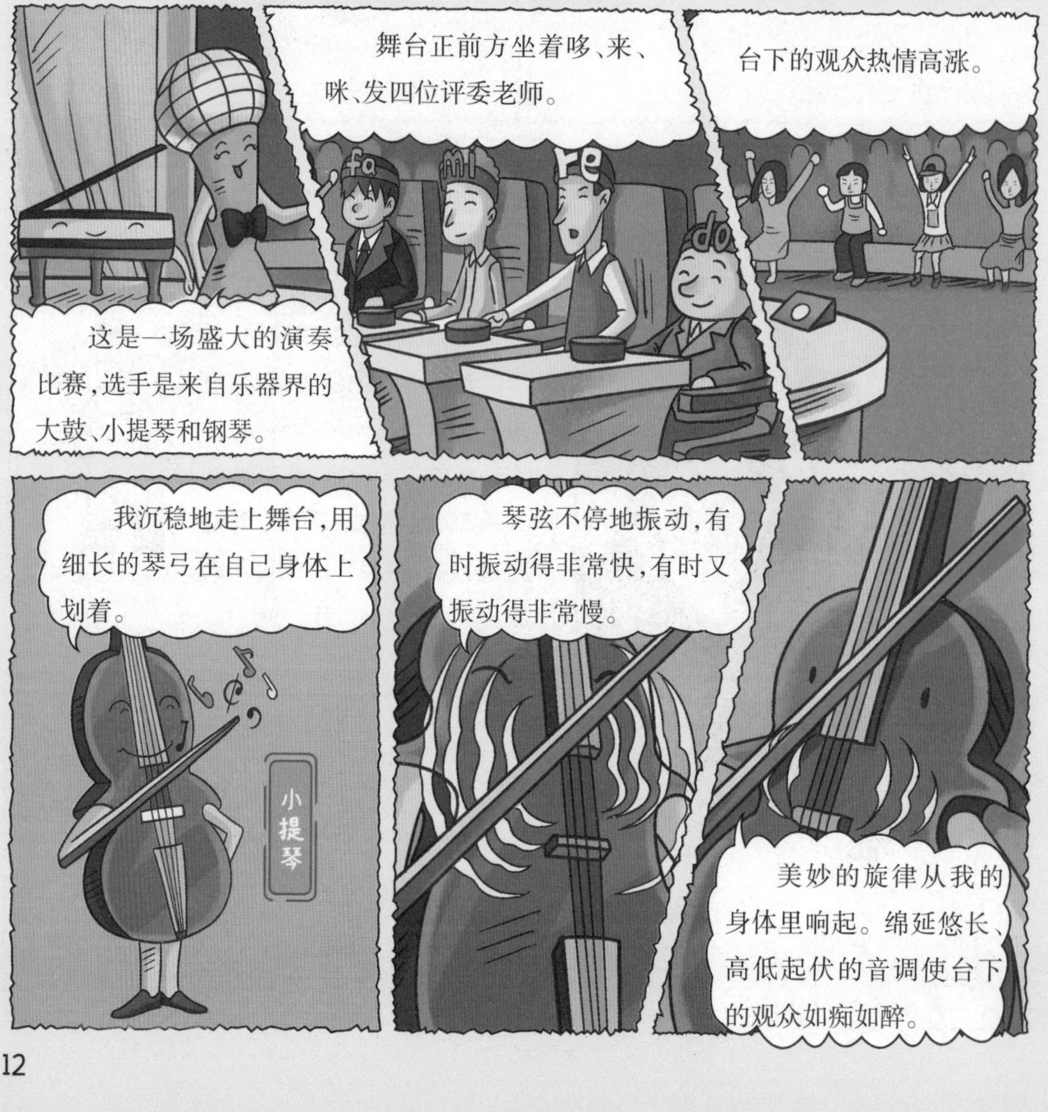

这是一场盛大的演奏比赛，选手是来自乐器界的大鼓、小提琴和钢琴。
舞台正前方坐着哆、来、咪、发四位评委老师。
fa
mi
re
do
台下的观众热情高涨。
我沉稳地走上舞台，用细长的琴弓在自己身体上划着。
小提琴
琴弦不停地振动，有时振动得非常快，有时又振动得非常慢。
美妙的旋律从我的身体里响起。绵延悠长、高低起伏的音调使台下的观众如痴如醉。

真好听！
弹得真不错！
我的声音有时清脆、明亮，音调较高；有时低沉，音调较低。
咚！咚！咚！
太吵了！
我举起粗壮的双臂，使劲地敲击自己圆鼓鼓的肚皮，发出的声音震耳欲聋，响彻整个比赛场地。
大鼓选手都快把我的耳朵震聋了。
我觉得大鼓选手的表现特别好。
疯狂的小笨熊说
音色与发声体的结构、材料以及发声方式有关，通过音色的不同，我们可以分辨出不同物体发出的声音。
此次演奏比赛圆满结束。
三位选手各有千秋。
声音的世界太神奇了！

镜子里的“我”会是什么样子？

镜像

平面镜成像指的是光线照射到人的身上，被反射到镜面上，平面镜又将光反射到人的眼睛里，因此，我们看到了自己在平面镜中的虚像。

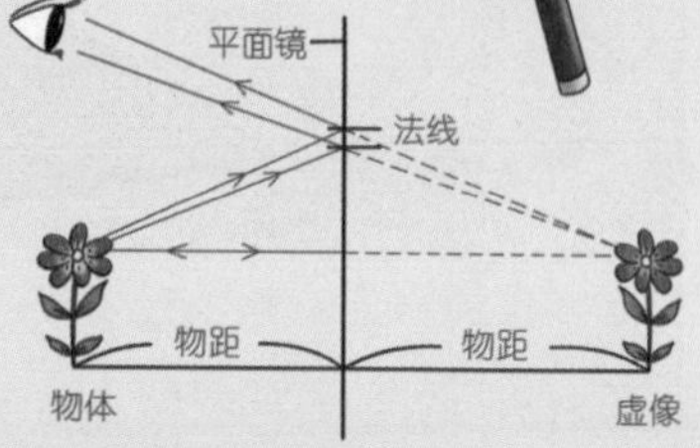
平面镜
法线
物距
物距
物体
虚像

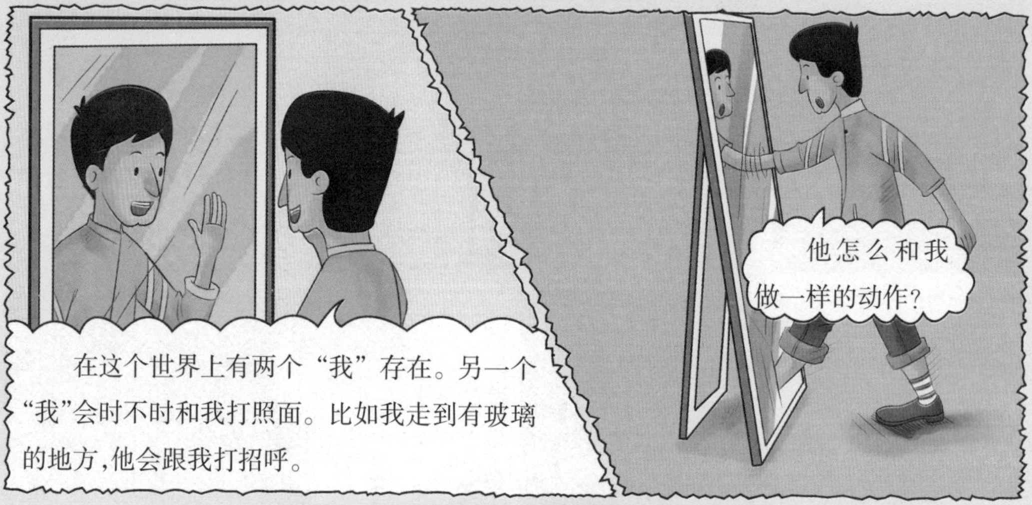
在这个世界上有两个“我”存在。另一个“我”会时不时和我打照面。比如我走到有玻璃的地方，他会跟我打招呼。
他怎么和我做一样的动作？

我是实物。
我是虚像。

疯狂的小笨熊说

在你照镜子的时候，可以在镜子里看到另外一个“你”，镜子里的这个“人”就是你的“像”。平面镜所成的像是物体发出或反射出的光线射到镜面上发生反射，由反射光线的反向延长线在镜后相交而成的。

在镜面成像中，像与物体大小相等，但是左右相反。

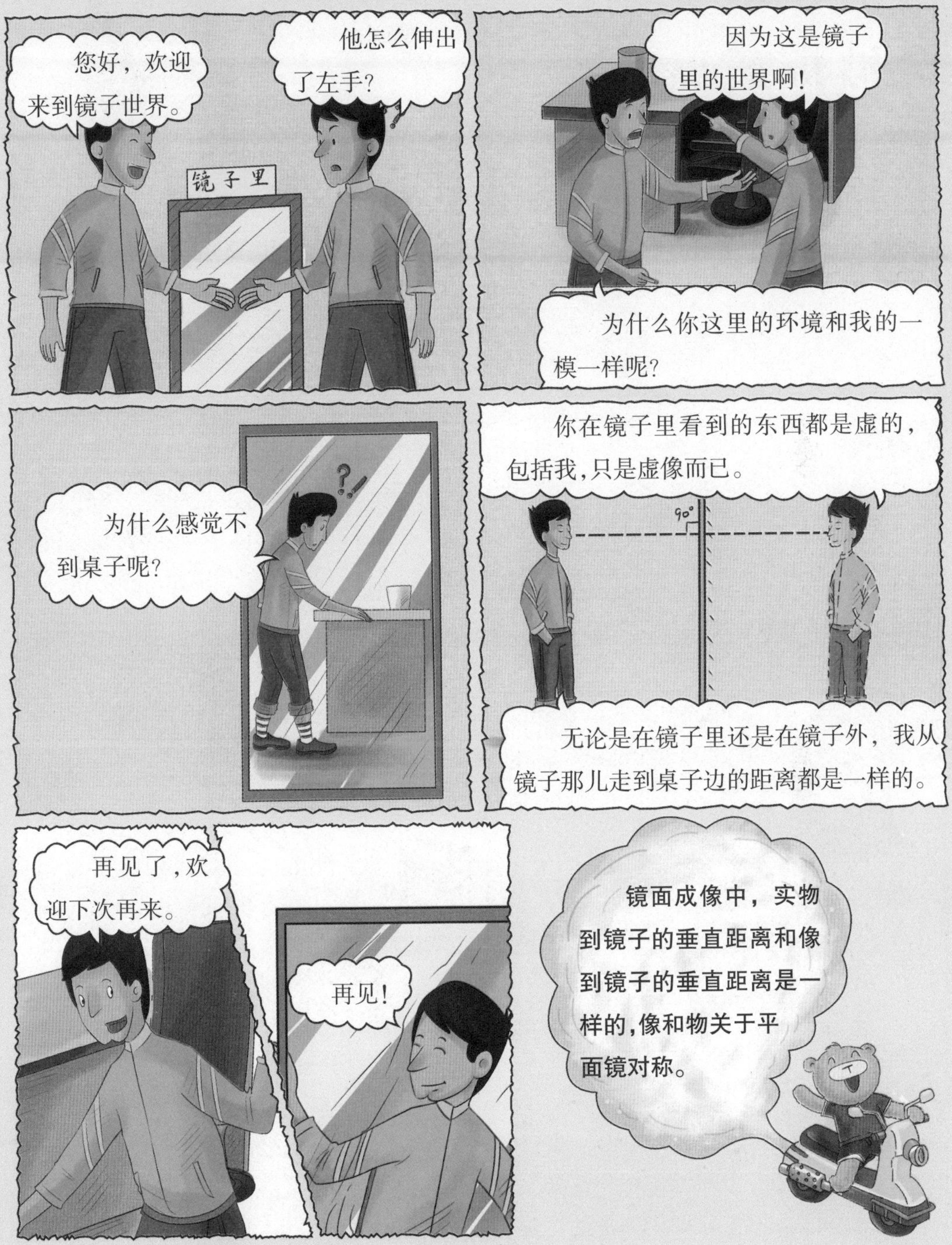

您好，欢迎来到镜子世界。
镜子里
他怎么伸出了左手？
因为这是镜子里的世界啊！
为什么你这里的环境和我的一模一样呢？
为什么感觉不到桌子呢？
你在镜子里看到的东西都是虚的，包括我，只是虚像而已。
90°
无论是在镜子里还是在镜子外，我从镜子那儿走到桌子边的距离都是一样的。
再见了，欢迎下次再来。
再见！
镜面成像中，实物到镜子的垂直距离和像到镜子的垂直距离是一样的，像和物关于平面镜对称。

铅笔在水中会被折断吗？

?

光的折射

光的折射指的是光从一种介质斜射入另一种介质时，传播方向发生改变，从而使光线在不同介质的交界处发生偏折的现象。

我们从一个介质飞到另一个介质时，飞行方向发生了改变。
如果我们垂直进入另一个介质，飞行方向不发生改变，即不产生折射现象。
我在两个介质的交界处垂直画了一条虚线，叫作“法线”。
90°
你们的心中一定要有这条法线，时时刻刻记住要“依法行事”。
90°

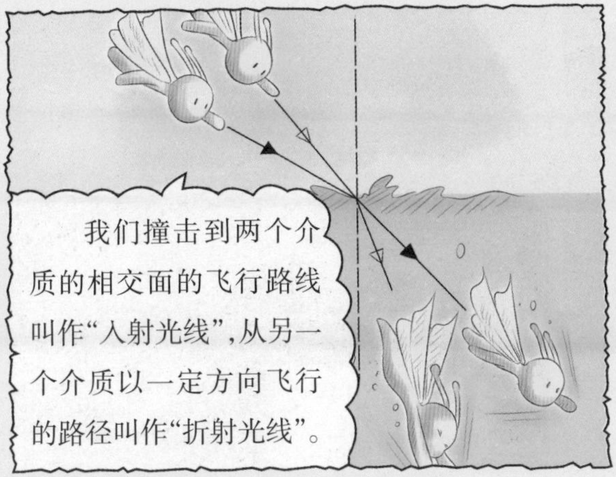
我们撞击到两个介质的相交面的飞行路线叫作“入射光线”，从另一个介质以一定方向飞行的路径叫作“折射光线”。

疯狂的小笨熊说

光从空气斜射进入水中或其他介质时(真空除外)，折射光线向法线方向偏折，折射角小于入射角。并且当入射角变大时，折射角也随之变大。当光从水中或其他介质射入空气中时(真空除外)，折射角大于入射角。

明明在这里，怎么抓不到？

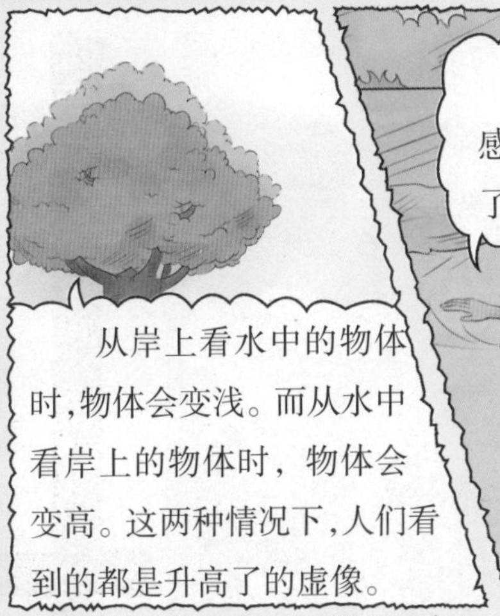
从岸上看水中的物体时，物体会变浅。而从水中看岸上的物体时，物体会变高。这两种情况下，人们看到的都是升高了的虚像。

岸上的树怎么感觉比下水前要高了呢？

怎么还没到？
当我们在沙漠里行走的时候，有时候会发现前面有很多房子，可是无论我们怎么朝那儿走，总是到不了。

快看，那是蓬莱仙境吗？
我们快划船过去，说不定能求到仙药呢！

哎呀，怎么不见了！
这是海市蜃楼！
这一定是蛟龙吐气形成的。

夏季白昼，靠近海面的空气温度较低，密度较大。

热死了。
下冷上热，下密上疏！
凉快，舒服！

疯狂的小笨熊说
海市蜃楼是光线在垂直方向密度不同的大气层中传播，经过折射造成的结果。

太热了，我动不了，你换条路吧！
让我过去，胖家伙！

哇！天上有一条船！

在沙漠中，情况正好相反。此时，下热上冷,下疏上密。
怎么这么热!
好羡慕海边的朋友们啊。
呼呼！走了好多弯路,累!
绿洲！绿洲怎么没了?
空气
水
?
其实这些现象都是光之精灵在进行折射时产生的。
海市蜃楼是由于光的折射,而不是蛟龙吐气产生的,它与幻觉不一样,地球上物体反射的光经大气折射而形成的虚像是可以用照相机捕捉到的!

有肉眼
看不见的光吗？

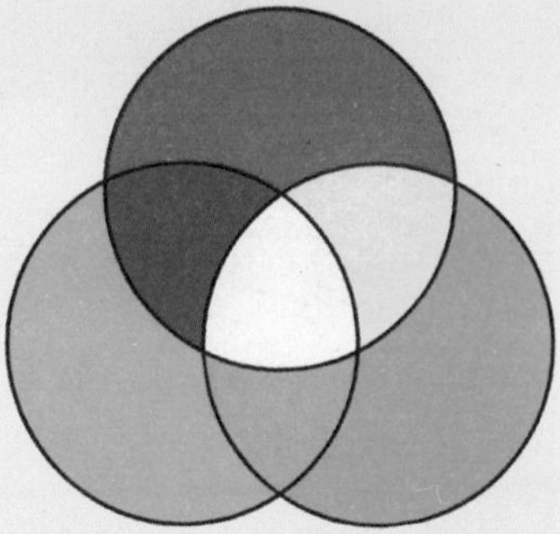

光谱

太阳光通过三棱镜分解成红、橙、黄、绿、蓝、靛、紫7种不同颜色的光，这7种色光按顺序排列起来就是太阳的可见光谱。

你们知道彩虹是怎样产生的吗?
当阳光照射到半空中的水珠,光线被折射及反射,在天空中便形成了人眼能分辨的七种色彩。
红外光之精灵和紫外光之精灵是两个强大的族群。
它们拥有强大的力量。
它们能够隐身，其他光之精灵根本无法发现它们。

如果把我放在太阳下，你会发现一个神奇的现象。

红、绿、蓝是色光的三原色，这三种色光按不同的比例混合可以组成各种不同的颜色。

你知道吗!

在光谱的红光以外,有一种看不见的光,叫作"红外线",其主要特征是热作用强,可以用来加热食品。在光谱的紫光以外,有一种看不见的光,叫作"紫外线",其主要特征是化学作用强、能杀死微生物,常用来灭菌。

红外线的波长较长,能产生热效应,常被用在医疗和探测领域。
我们能杀灭细菌和病毒。
紫外线的波长较短,对生物具有较强的杀伤力,经常被用来杀菌。
哎呀！饶我一命吧。

物理
小课堂

为什么电话能传递声音?

当一个人打电话时，声音被传送到麦克风，麦克风中的金属片振动将声音转换成电流。电流通过电话线传输到另一方的接收器,金属片随之振动,将空气推入人耳并将其转化为声音，这样人们就可以交流信息。

▲ 电话可以传递声音。

笛子里的物理问题

声音是由物体的振动引起的,比如簧片、琴弦或钢丝振动了就能发出声音。笛子属于吹孔气鸣乐器,吹笛子时,气体从嘴中发出,这实际上就是在用外力刺激空气柱,空气柱受到不同的刺激就会按照一定的频率产生振动,继而发出声音。笛身侧面的指孔通过手指来进行按压或放开，从而控制空气柱的长度。空气柱越长,振动的频率越低,音调也就越低。

▲ 笛子是中国传统音乐中常用的横吹木管乐器之一。

探索发现

用冰取火的人

多年前，有一支探险队启程前往南极洲，当他们到达一座孤岛上时，打火器却找不到了。这时，一位队员把一块冰削成扁圆形，两个侧面鼓成球面，做了一个半球形“冰透镜”。他举着“冰透镜”，向着太阳，让太阳光穿过“冰透镜”，形成焦点，射在干燥的易燃物上，过了一会儿，易燃物竟燃烧了起来。

▲ 用冰取火。

为什么用冰能够取火呢？其实，用冰取火的原理和用凸透镜取火的原理一样。爷爷的老花镜、放大镜都是凸透镜，把放大镜放在阳光下，你就会看到放大镜下出现了一个耀眼的亮斑，那个亮斑就是焦点，这就是凸透镜的聚光本领。冰凸透镜也有这个本领，所以它也能取火。

你见过“倒挂彩虹”吗？

人们经常见到的彩虹是光线穿透雨点儿后折射到另一处时所产生的现象，而“倒挂彩虹”是日光穿透卷云或层云中的数百万颗细微冰晶粒子时形成的。由于这些冰晶体是扁平的六角形状，它们导致光线掉转，形成了“倒挂彩虹”。

▲ 倒挂彩虹。

图书在版编目(CIP)数据

小笨熊这就是数理化. 这就是数理化. 5 / 崔钟雷主编. -- 哈尔滨：黑龙江美术出版社，2021.4
(疯狂的十万个为什么系列)
ISBN 978-7-5593-7259-8

Ⅰ. ①小… Ⅱ. ①崔… Ⅲ. ①数学－儿童读物②物理学－儿童读物③化学－儿童读物 Ⅳ. ①O-49

中国版本图书馆 CIP 数据核字(2021)第 058187 号

书　　名 / 疯狂的十万个为什么系列
FENGKUANG DE SHI WAN GE WEISHENME XILIE
小笨熊这就是数理化 这就是数理化 5
XIAOBENXIONG ZHE JIUSHI SHU–LI–HUA
ZHE JIUSHI SHU–LI–HUA 5

出 品 人 / 于　丹
主　　编 / 崔钟雷
策　　划 / 钟　雷
副 主 编 / 姜丽婷　贺　蕾
责任编辑 / 郭志芹
责任校对 / 徐　研
插　　画 / 李　杰
装帧设计 / 稻草人工作室
出版发行 / 黑龙江美术出版社
地　　址 / 哈尔滨市道里区安定街 225 号
邮政编码 / 150016
发行电话 / (0451)55174988
经　　销 / 全国新华书店
印　　刷 / 临沂同方印刷有限公司
开　　本 / 787mm × 1092mm　1/32
印　　张 / 9
字　　数 / 300 千字
版　　次 / 2021 年 4 月第 1 版
印　　次 / 2021 年 4 月第 1 次印刷
书　　号 / ISBN 978-7-5593-7259-8
定　　价 / 240.00 元(全十二册)